U0222941

格达·赖特，生于1975年，自由插画师、作家，曾出版系列科普绘本《一条街道的100年》《去新世界》《我的一家人》等，两度荣获"德国最美的书"奖，荣获德国书籍艺术基金会荣誉表彰，作品还入选德国小学推荐读物、德国书业协会优选童书。

图书在版编目（CIP）数据

臭烘烘的垃圾书 /（德）格达·赖特著、绘；宋娀译 . -- 北京：中信出版社，2020.10（2021.11重印）
ISBN 978-7-5217-2011-2

Ⅰ.①臭… Ⅱ.①格…②宋… Ⅲ.①垃圾处理—儿童读物 Ⅳ.① X705-49

中国版本图书馆 CIP 数据核字（2020）第 114368 号

Müll：Alles über die lästigste Sache der Welt
Text und Illustration by Gerda Raidt
© 2019 Beltz & Gelberg
in the publishing group Beltz–Weinheim Basel
Simplified Chinese translation copyright © 2020 by CITIC Press Corporation
ALL RIGHTS RESERVED

本书仅限中国大陆地区发行销售

臭烘烘的垃圾书

著 绘 者：［德］格达·赖特
译　　者：宋娀
出版发行：中信出版集团股份有限公司
　　　　　（北京市朝阳区惠新东街甲4号富盛大厦2座　邮编　100029）
承 印 者：北京尚唐印刷包装有限公司

开　　本：889mm×1194mm　1/32　印　　张：3　　字　　数：80千字
版　　次：2020年10月第1版　　　　印　　次：2021年11月第3次印刷
京权图字：01-2020-4068
书　　号：ISBN 978-7-5217-2011-2
定　　价：45.00元

出　　品　中信儿童书店
图书策划　如果童书
策划编辑　蔡磊
责任编辑　房阳
营销编辑　张远　邝青青
美术设计　李然　胡嘉钰
内文排版　颂煜文化

臭烘烘的垃圾书

[德]格达·赖特 著绘

宋娥 译

中信出版集团 | 北京

不管我们做什么，总会留下一些**垃圾**。

垃圾**真讨厌**。你总想赶紧扔掉它，跟它说再见。

但扔掉的不一定就是垃圾。你扔掉的东西，很可能对别人仍有某种价值。

4

有的东西虽然还能用，但依然会被你当成垃圾丢掉。
有的东西虽然已经又破又旧，但你还是想留着它。

那么，到底什么是垃圾呢？这个问题并没有明确的答案。每个人都有自己的看法。

　　垃圾甚至可以成为**博物馆**的展品。一百多年前，有人把一个马桶送到了展览上，还声称这是一件艺术品。从那以后，各种垃圾就时常出现在博物馆和艺术馆的展览上。当然，这样一来，它们就不再是垃圾了，有的甚至还得花大价钱才能买下来呢。

不过有时候，这样的艺术品还是会不小心被当成垃圾
处理掉。

*1)

博物馆里还会陈列一些非常古老的垃圾。这些垃圾都非常
珍贵，考古学家甚至还会孜孜不倦地四处搜寻它们的踪迹：

在原始人
居住过的**山洞里**

8

在埋藏着古老村落的
田野里

在石板路下，在老房子边，在
古老的排水沟里

甚至在从前的**茅坑里**……

古老的垃圾能告诉我们从前的人是怎么生活的。他们是贫穷还是富
有？他们都吃什么？他们拥有过什么？对于他们来说，什么东西才是重要
的，而什么东西微不足道？

未来的人会发现我们的哪些
生活痕迹呢？答案没准就在我们
的**垃圾桶**里！快来翻翻看！

厨房里的各种
垃圾桶

塞满废纸的**纸箱**、
垃圾袋和**墙角**，还
有塑料瓶和玻璃瓶。

装厨余垃圾的
垃圾桶

写字台下的
纸篓

装旧衣服的
袋子

浴室里专门用来丢
洗化用品包装的
垃圾桶

你能把垃圾
带下去吗?

垃圾就是由我们每天用后再丢弃的各种东西组成的,所有垃圾都必须定期从家里清理出去。在一些家庭里,扔垃圾是小朋友们的活儿。

11

垃圾会被扔进不同的**分类垃圾桶**。

每个地方的分类垃圾桶都不太一样。不过，它们通常看起来像下面这样。清洁工会定期清空这些分类垃圾桶，再用垃圾车运走垃圾。

玻璃

塑料、包装材料

易腐垃圾*

其他垃圾

*原文是德语 Biomüll，在德国这类垃圾一般包括家庭中的厨余垃圾和园林垃圾。此处描述的是德国的垃圾分类，具体分类与我国有所不同。——编辑注

旧衣箱

电子垃圾

液体垃圾

从马桶、洗脸池、
洗碗机和洗衣机等
排出去的污水

纸制品

有害垃圾

清洁工会定期收集这
些垃圾，运往收集点

除了这些，还有没
法归入分类垃圾桶的垃
圾，比如：

大件垃圾

比如旧家具

垃圾车把垃圾运走之后，
我们就看不到垃圾了。可是这离
垃圾消失还早着呢。

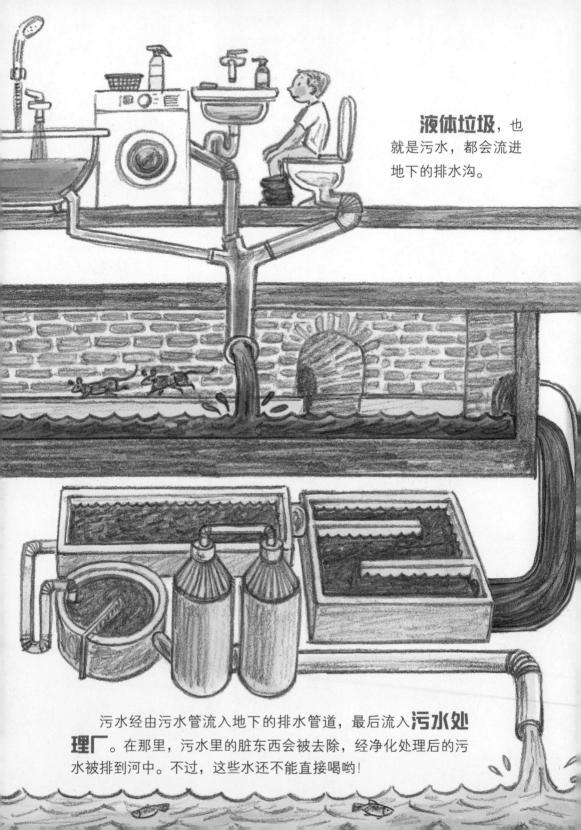

液体垃圾，也就是污水，都会流进地下的排水沟。

污水经由污水管流入地下的排水管道，最后流入**污水处理厂**。在那里，污水里的脏东西会被去除，经净化处理后的污水被排到河中。不过，这些水还不能直接喝哟！

易腐垃圾会被送进**堆肥厂**。通常，堆肥厂里有很多大棚和一块巨大的空地。在那里，易腐垃圾被一排排堆起来，在后续的几周时间里它们会慢慢腐烂。这个过程不用工作人员操什么心，工作都是由细菌完成的。最终，易腐垃圾会变成很好的肥料，可以卖给农民做基肥或者卖给园丁做花盆土。一些新式的堆肥厂还利用特殊的细菌制造沼气，沼气燃烧可以发电。所以，垃圾也是一种**能源**哟！

如果家里有花园，也可以用自家产生的
易腐垃圾做肥料……

快看！几百条蚯蚓正
大嚼特嚼这些"香喷喷"
的垃圾。

经过分解，这些垃圾变成了深色的腐
殖质。把腐殖质撒在土里，植物就能够从
中吸收营养。植物长大，成熟，枯萎，重
新变成腐殖质，再滋养新生的植物。在大
自然里，一切都能被循环利用。真是一个
完美的循环！

16

人类试图模仿大自然的循环。我们把这个过程叫作"**回收**"，意思是"再次进入循环"。使用二手材料是一件很经济的事，因为这样就不需要消耗新的**原材料**。垃圾变成了崭新的物件，获得了新生。

自从使用**金属**以来，人类就会将损坏的金属物品比如坏了的刀剑、马蹄铁等重新熔炼。

今天，旧电线里的铜丝也可以回收利用。旧金属完全可以变成全新的物品，回收多少次都行。

17

玻璃也可以回炉熔化。旧的玻璃
瓶和玻璃杯都可以变成新的玻璃制品。
而且玻璃同样可以多次回收利用。

19

废纸也可以变成新纸。

把废纸浸泡在水里，让它们变软，纸里的纤维就可以被重新再利用。

废纸可以被回收利用 **5 到 7 次**。

印刷在纸上的油墨很难完全去掉，所以**再生纸**的颜色通常会更深，仔细看的话，还能够看到上面一点一点的油墨颗粒。

纸纤维经过重复使用会越变越短，最后变成一团灰色的糊糊。这个时候的纸纤维，就造不出新纸了。

分类垃圾桶里的**塑料**往往是各色各样的混在一起：硬塑料、软塑料、彩色塑料以及含有毒添加剂的塑料等，但只有在进行认真分类后，才能把旧塑料熔化，制成新塑料。虽然大型垃圾分拣机可以完成分拣工作，但是这样做成本非常高。因此，人们宁愿使用全新的**原材料**制造新的塑料制品。

未经分拣的旧塑料也可以用来造结实的深色塑料制品，比如公园长椅。但这样的塑料制品坏掉后，就没法再回收利用了。因此，未经分拣的塑料通常只能被**回收一次**。有时，人们干脆不回收，因为塑料是很好的燃料，将其焚烧可以发电和制热。但那样做会产生有害的气体。

大自然的循环是完美的，但人为的循环却还面临着不少**问题**——

22

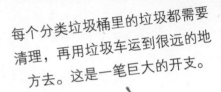

每个分类垃圾桶里的垃圾都需要清理，再用垃圾车运到很远的地方去。这是一笔巨大的开支。

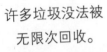

许多垃圾没法被无限次回收。

好多垃圾里含有有毒物质，将其回收后制成的新东西中也就含有有毒物质。

许多垃圾由多种材料构成，如果机器无法将各种材料完全分离开，那么就没法回收这些垃圾。

总是有垃圾没被扔进正确的分类垃圾箱，最后不知所终。

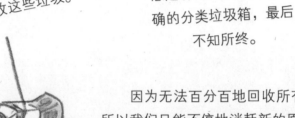

因为无法百分百地回收所有材料，所以我们只能不停地消耗新的原材料。

把垃圾中所有可以再利用的部分都分拣出来后，剩下的就是**不可回收**的其他垃圾了。这些垃圾会被送到垃圾**填埋场**。

过去，所谓的垃圾填埋场就是郊外的巨大垃圾山。后来人们发现一下雨，雨水从垃圾山渗下去，会把有毒物质带入地下水中。而且堆积如山的垃圾在缓慢分解的过程中，会产生甲烷。甲烷易燃烧，易爆炸，对环境也非常有害。于是，这样的垃圾填埋场陆续被关闭了。

　　现代化的垃圾填埋场都建在地下，采用覆膜技术，将垃圾分层密封放置，还会安装管道，把有毒的垃圾渗滤液排出去。沼气也会被收集起来作为能源使用。填埋堆用薄膜和泥土覆盖后，上面甚至可以建公园。被埋起来的垃圾还会存留很久，直到未来的科学家发现它们——或许还会把它们送进博物馆。但愿这堆垃圾下面的薄膜永远不要漏……

现在，为了不让郊区到处都是垃圾山，不可回收的其他垃圾通常会被送进**垃圾焚烧厂**。焚烧垃圾产生的能量可以发电，也可以给住宅和温室供暖。但即便如此，垃圾也不可能完全消失。

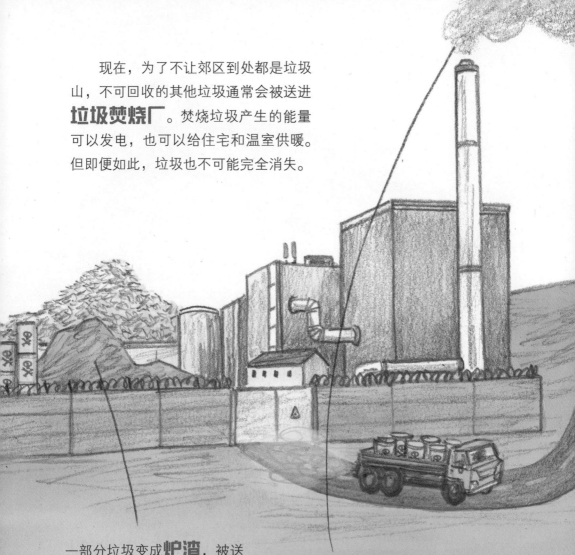

一部分垃圾变成**炉渣**，被送到垃圾填埋场或者被用作铺路的路基材料。

还有一部分垃圾变为有毒的**烟雾**。以前，这些烟雾都是直接排放到空气中去，现在大多数焚烧厂都会过滤后再排放。但是，被过滤出来的有毒物质又会去哪儿呢？

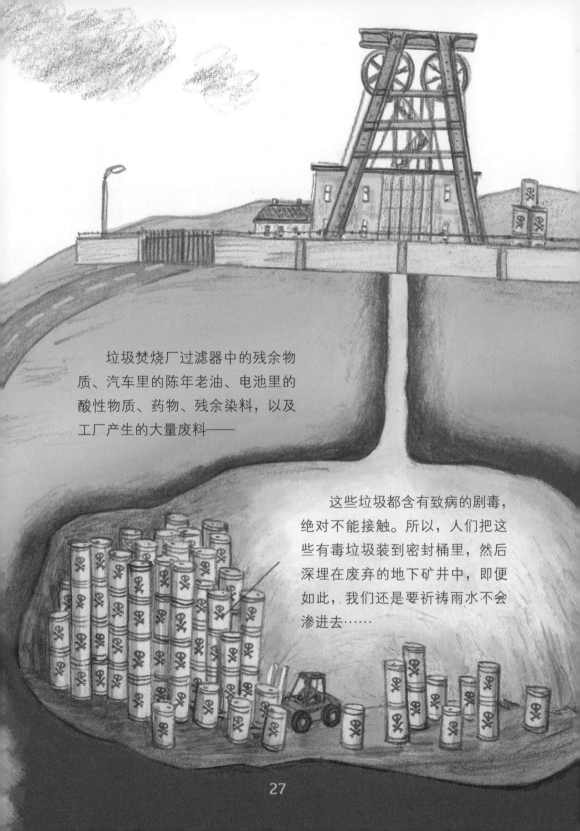

垃圾焚烧厂过滤器中的残余物质、汽车里的陈年老油、电池里的酸性物质、药物、残余染料，以及工厂产生的大量废料——

这些垃圾都含有致病的剧毒，绝对不能接触。所以，人们把这些有毒垃圾装到密封桶里，然后深埋在废弃的地下矿井中，即便如此，我们还是要祈祷雨水不会渗进去……

更危险的是核电厂发电产生的**核废料**。如果密切接触核废料，就会生病甚至患上绝症，还可能会生出患病的宝宝。那么该拿这些垃圾怎么办呢？当然要离它们远远的！

辐射！
危险！

*2)

一旦发现了合适的存放地，就必须把核废料密封，永久埋入地下，它们的危害可以持续数千年。致命的辐射是看不见的，所以我们还要警示所有生活在未来的人。可是，怎样才能告诉他们呢？

就像自然界中的生物一样，每件物品也都有自己的**寿命**。每一样东西都有着长长的生命故事——首先，需要有人把它设计出来。

然后，去采集原材料，比如：砍伐树木，挖掘矿石，开采石油。

原材料被运进工厂，制成产品……

然后变成商品……

再被人买回家。

可是垃圾也不会一直存在。世界上所有的东西都有腐坏的一天。铁会生锈，石头会破碎，山也会风化成沙土。没有任何东西能逃离自然界中的大循环。所有旧的东西都会转化成新的东西，只不过有时要花上相当漫长的时间。而这对于人类而言，可能就是永恒。

很多东西没用多久就被扔掉了，它们当垃圾的时间反而更长。

直到有一天，它被用坏了。绝大多数东西我们都不会一直保留，除了极少数会进入博物馆，大多数都被我们丢掉了。

在一段时间里，这个商品被人们拥有和使用。

33

从前，人们会修理坏了的
东西，尽量延长它们的寿命。
这比买新的要便宜多了。总买
新的可负担不起。

买新的？我可
没疯！

拥有的东西少，扔掉的也就少。贫穷激发出了人们的创造力。在旧书里，你会发现让你惊叹不已的生活小妙招：

孩子的衣服可以加长、改大！

穿破的袜子也能修补，把破掉的袜脚剪下来，再把新的织上去。

旧的男士衬衫可以裁剪成孩子的衣服。

旧毯子可以改造成漂亮的夹克衫。

旧床单可以从中间剪开，把原来在外侧的部分缝到中间，这样原来磨坏的地方就挪到外侧了。

边角料能做成布娃娃。

用坏的毛巾可以变身成抹布。

更小的破布条可以拼在一起，缝成彩色的被罩。

穿坏的毛衣可以拆掉，织成帽子和手套。

把破旧衣服剪成条，可以编成地毯。

从来没像现在这样扔过这么多东西!

过去，大部分人都生活在乡村，过着贫苦的日子。人们吃的东西是自己种的，用的东西也是自己亲手做的。

东西没有外包装，剩菜剩饭直接喂鸡喂猪，坏掉的东西也一修再修。草木灰和茅坑里的粪便都用作肥料。

最后剩下来的一点动物皮毛、骨头和其他残渣就扔到垃圾堆里，或者丢在院子一角。

37

城市居民都从集市上买东西。垃圾被塞到房屋之间的巷子里、丢进河里或者直接倒往窗外。

巷子里渐渐堆满了垃圾，臭气熏天。每过几年，人们就把新的铺路石铺到垃圾上面，渐渐地，路面都升高了。

老鼠和病菌最喜欢垃圾了。它们常常导致传染病的大规模暴发，许多人因此死去。

随着工厂的兴建，越来越多人为了工作搬到城市里生活。城市越来越大，于是人们又开始修建铁路。

工厂不断制造新的东西，并用罐头、木箱或纸包装好，以便卖到更远的地方。

这时，人们还在小商铺里买东西，大部分商品还是散装的，但有包装的越来越多。街道上，院子里，垃圾——马粪、煤炉里的煤渣、厨余垃圾，还有包装材料等渐渐堆成了山。

因为害怕传染病暴发，所有的大城市都开始安排垃圾清运。人们把垃圾从城市里运出去，扔到郊区。为了处理污水，又开始建排水管和排水沟。

后来，一种新材料——塑料诞生了！塑料不仅价格便宜，而且可以做成人们想要的任何形状。于是，越来越多的东西用塑料制成。

没多久，世界上爆发了两次可怕的战争。到处都是饥荒和贫困，人人都节俭度日，也不怎么扔垃圾了。

战争结束后，生活逐渐好转起来，大家又恢复了购物的热情，而且越买越多。为了销售更多的商品，超市出现了。

现在，垃圾处理工作被安排得井井有条，垃圾桶被定期清空。这很容易让我们忘记自己每天制造了多少垃圾。

超市里的东西都有包装，看起来干净又方便，却也因此制造了数不清的垃圾。

现在的人越来越爱扔东西了！

除了垃圾桶里的垃圾之外，还有成堆的**建筑垃圾**——都是在拆掉或者改建老房子时产生的。房子是个庞然大物，产生的建筑垃圾自然也就很多。在德国的一些城市里，你会发现有公园建在小山上。这些小山其实就是战争时被毁的房屋堆成的。

而数量最多的一类垃圾，我们很少能看到，那就是堆积在矿山和工厂里的**工业废料**。人们从地下挖出矿石，用化学品从中提取出原材料，剩下的碎石、泥土和有毒的泥渣就变成了垃圾。在把原材料加工成可用材料的过程中，会产生不受欢迎的副产品；接下来，在把可用材料制成产品时，也会产生废料。事实上，每一件我们扔掉的东西，在成为垃圾之前就已经将许多垃圾带到这个世界上了。

T恤

垃圾

世界上几乎不存在没有
垃圾的地方。无论是在深深
的海底……

44

还是在高高的
山峰上，都有垃圾
的身影。

45

连太空中也有垃圾——废弃的卫星和火箭燃烧后的残骸形成了一个**太空垃圾**旋涡，绕着地球飞速旋转，对未来的太空飞行造成了威胁。一旦太空飞行器不小心撞上这些垃圾，就会造成事故。

甚至在**月球**上也有垃圾，那是宇航员在登月时留下的。

火星上还没有人类的足迹，可可是已经有了成吨的垃圾，比如坏掉的科考机器人。

堆积如山的垃圾是人类最"伟大"的造物之一。为什么我们会造出数量如此惊人的垃圾呢？

现在，许多人的日子过得很不错，买买买，扔扔扔，没关系，我们消费得起。只有好看的水果和蔬菜才能出现在商店的货架上，个头太小或者有瑕疵的都被直接扔掉了。店主也会不断把不那么新鲜的货物挑出来扔掉。

每个商店后面都有几个巨大的垃圾桶，装满各种其实还可以吃的食物。餐馆也会扔掉很多食物，比如没吃完的自助餐。

这让很多人感到不舒服。于是，有人把这些食物收集起来，分给有需要的人。

对于商店老板和生产厂家而言，卖的东西越多，挣的钱也就越多。所以，他们会想出各种办法，**诱导**我们购买原本没想买的东西。比如，你通常只需要一头蒜，但是商店常常把三头蒜放在一个网兜里售卖。

超值精选

买1赠1

仅限今日！

3.99

1.99

2.99

新品！

省10%

35%加量

+20%

新品！

打折促销也会诱导你购买不需要的东西。贪便宜买回家的东西，最后常常放在家里发霉。

垃圾

有许多东西其实并没有发霉，但是一看上面印着的日期，我们也就不敢吃了。当发现食物过期时，人们往往会出于谨慎把它们直接扔掉。

49

许多商品有两层甚至三层**包装**，或者包装盒很大，到家拆开一看，里面的东西却很小。

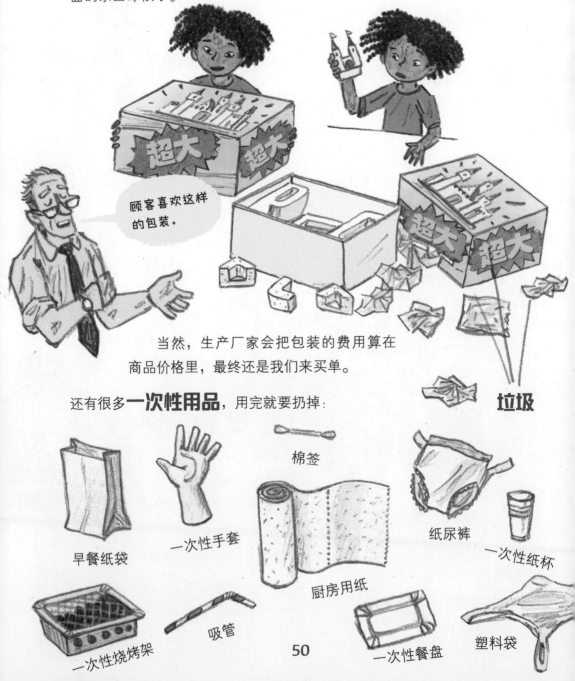

顾客喜欢这样的包装。

当然，生产厂家会把包装的费用算在商品价格里，最终还是我们来买单。

还有很多**一次性用品**，用完就要扔掉：

垃圾

棉签

纸尿裤

早餐纸袋

一次性手套

厨房用纸

一次性纸杯

一次性烧烤架

吸管

一次性餐盘

塑料袋

50

有些商品会被刻意降低质量，好让消费者用不了太久。因为使用的是劣质材料，所以这些商品的零部件很容易**坏掉**。而合适的替换零件根本买不到，因为新的型号和款式不断占领市场。有的商品干脆在一开始设计时就设定为不可以打开修理。在今天，买新的往往比修旧的更便宜，更简单。

配件
贵得吓人

修起来太贵了，不值!

衣服
很快就掉色了

袜子
很快就破洞了

裤子
膝盖又磨破了

无法更换
电池

鞋底
掉了

玩具
散架了

因为许多东西使用寿命太短了，所以你只能**换新**的。

垃圾

真是疯了！

顾客就是喜欢买买买啊！

顾客买得越多，店老板和生产商赚得就越多。

垃圾

时尚永远在变。谁愿意穿过时的衣服呢？很多还能用的东西，就这样被清理掉了。如今，不断更新换代的产品越来越多。**技术创新**也是旧东西遭到遗弃的原因之一。

老款

新品

新品

广告总是会唤起人新的欲望。人们总是想要拥有那些从前想都没想过的新奇产品。拥有新东西的感觉很棒，不过很快又会想买新的东西。

买的越多，我们生产的就越多，能提供的工作岗位就越多。大家都来买买买吧，一起过上好日子。

在家里，东西也是越积越多。我们根本没有那么多时间做到物尽其用。因此，很多东西一直被闲置在橱柜里和架子上。

这么多东西，整理起来耗时又费力。于是很多人被逼成了收纳大师。

还有一些家庭会因为整理东西吵个不休。有的人家东西多得都没地方下脚了，只好把一些东西扔掉。

现在得做大扫除了！

垃圾

到了**夜里**，在夜色的掩护下，一些人会到商店后面的垃圾桶里捡东西吃。这些食物都还包装得好好的。

靠从垃圾桶捡东西吃，可以省下很多钱。

还有很多特殊的"**小偷**"
会在夜里找吃的。所以人们把
垃圾桶锁得死死的，让它们没
法得手。

大多数情况下，人们都会把自家的垃圾桶锁好，让别人没法**动手脚**。因为在德国，垃圾清理是需要付费的，而且费用非常高昂。

**德国
勃兰登堡**

很多人为了把这笔钱省下来，就偷偷把垃圾倒进别人家的垃圾桶里，或者用车运走，扔到郊外去。

代清垃圾是门生意，人们出一点小钱，找代理人把垃圾"清理"走，就能省下一笔更高额的垃圾处理费。这对于"买卖"双方都有好处，但对其他人而言却很糟糕：一些有毒垃圾被偷偷丢弃在某个地方，导致环境的污染，附近的居民因此被突然暴发的疾病折磨。

意大利
卡拉布里亚

59

不发达国家往往会成为垃圾倾倒地。在那里，劳动力很廉价，法律不那么严格，民众也不会抱怨糟糕的环境。发达国家的垃圾运过去之后，通常就往地上一倒了之。

孟加拉国
吉大港

印度
阿朗港

来自外国的电子垃圾由轮船运送过来。在垃圾堆上干活的主要是孩子。

加纳
阿克拉

为了拿走有用的零件，他们会把旧电器拆开，捣碎液晶屏，还会用火把电线外皮烧焦，拿走里面的铜。

尼日利亚
拉各斯

干这些活儿很容易受伤，而且住在附近的居民会吸入燃烧电线和电器产生的毒烟。

**柬埔寨
安龙皮**

在世界上很多地方，并**没有什么垃圾清理**。数百万人住在由垃圾建成的棚户区里，以富人丢弃的垃圾为生，捡出其中能用或者能卖的东西。大量垃圾露天堆放着，一到下雨天，就会被冲到河里。世界上所有河流里的垃圾，最终都会流入海洋。

1997 年，有人在驾驶帆船穿越偏远的海域时，发现了一个新的"岛屿"。

一个岛屿？其实它更像是一碗巨大的、由塑料垃圾做成的"浓汤"！这些垃圾随着大洋两端的洋流漂到这里，汇集在一起，形成了一个巨大的旋涡，来自全世界各地的塑料垃圾就这样漂荡在水面上。到目前为止，已经发现了五个这样的**垃圾岛**。

水面下也漂着很多垃圾。海里的动物会被渔民丢弃的渔网和绳索缠住，最终死去。

　　海洋里还有一些极其微小的垃圾——**微塑料**。这些塑料颗粒极为细小，用肉眼是看不到的。它们被混合在肥皂里，以使肥皂的触感更光滑细腻。洗衣服的时候，也会有塑料纤维脱落。甚至汽车轮胎在不断老化磨损的过程中，也会产生微塑料，随着雨水流入地下的排水系统里。这些微塑料通过排水管流向污水处理厂，但它们太小了，滤网也拦不住它们。最终，它们被排进河道，进入海洋。

较大的垃圾会随着波浪的侵蚀，慢慢变成小的碎屑。但塑料不会腐烂，不可能由任何一种生物消化，变成腐殖质。**塑料会永远留在这个世界上！**因为塑料里还包含有毒物质，所以根本不能食用。

可是依然会有生物吞吃塑料！海洋生物无法把塑料和食物区分开来，很容易误食塑料。漂浮在海洋里的无数小型生物——螃蟹、贝类、水母和小型鱼类，把微塑料吃进肚子，然后这些小动物又被体形更大的鱼类或者其他海洋动物吃掉。

人类也爱吃鱼。我们丢掉的垃圾在经过无数个生命的身体，对它们造成伤害后，最终又回到我们的餐桌上。

如今，**塑料几乎无处不在!**
在海洋生物的身体里、在沙滩上、在雨水中，甚至在我们的身体里，都发现了塑料。这会造成什么样的后果，直到最近科学家们才开始研究。

世界被我们丢弃的垃圾堆满了，到处都是垃圾引起的问题，**我们能做些什么吗?**

能！ 因为我们才是这些垃圾的购买者，垃圾其实就是我们每天使用后丢掉的东西。

比如，街边的快餐店每天都会产生大量垃圾。但你可以用自己带的餐盒和水瓶**打包**食物，或者干脆就在店里吃，店家会提供可以反复使用的餐具，而不是一次性餐具。

我们经常能在农田和海洋里，发现来自外卖的一次性餐具。

另外，买东西时你也可以**注意下商品的包装**。对于过度包装的商品，干脆就不要买。去可以购买散装水果和蔬菜的商店购物，需要多少就买多少。

包装的使用寿命太短了，一拆掉，它就会变成垃圾。

在商店里就可以直接拆掉的包装，就是多余的包装。你可以把这些包装**留在店里**，尽管垃圾已经产生了，但是这样一来，支付高额垃圾处理费的就是商店老板，他以后可能就会考虑减少过度包装。

在有些国家，比如德国，你可以直接喝自来水。这些国家对自来水水质的监控十分严格，饮用非常安全。自来水比商店里卖的瓶装水要便宜得多，也不会产生垃圾。

饮用水

大多数瓶装水的塑料瓶子使用一次后，就被熔掉了。这是一种巨大的浪费。

一次性用品会产生许多垃圾。可以**重复使用**的容器产生的垃圾就少得多。因此，许多超市售卖的牛奶、酸奶和果汁使用的是**可重复利用的玻璃瓶**。顾客喝掉瓶中的东西后，把瓶子退回店里，这些瓶子里就会重新灌装饮品。在一些城市里甚至有所有商品都没包装的商店，你可以自己带容器去买东西。

一个可重复使用的玻璃瓶最多可以灌装 50 次，然后才会被熔化掉。

对于产生大量不必要垃圾的商品，如果能直接提高它们的价格，禁止生产或者干脆禁止在商店售卖，应对环境问题就会简单许多。可是目前为止还没有这样的法律，人们只能自己决定是否购买。

我觉得这有点浪费。

不可能在买每样东西的时候想这么多！

好吧，祝你好运！

干吗操这个心？反正一切都能回收。

人们总是容易重复购买。
其实只要做到三思而后行，就够了！

在德国，许多商品的包装上都有各种**标志**，可以帮你在购物时做出正确的选择。通常，表示有害健康或者污染环境的标志，并不会醒目地出现在包装的正面，而是藏在商品背面或用很小的字体标出。有时候，你得擦亮眼睛，当个小侦探。看看下面这些标志吧！

扔垃圾的小人
提醒你要把垃圾扔进垃圾桶，不要随处乱丢。

可重复使用（主要适用于德国）
这个容器可以还给商家再次使用。

可退押金（主要适用于德国）
当你把这个容器还给店家或者在特殊机器上回收的时候，会退还包含在商品价格里的一笔小小的押金。也就是说该商品不可以反复使用，但可以回收。

可回收
这个材料可以回收制成新产品，与上面的标志类似，但不一定能够退押金。

绿点
这个包装可以回收，制造商为回收支付了相关费用。当然，这笔费用大部分已经包含在商品的价格里了。

蓝天使

被公认为世界上最古老的环保标志。打上蓝天使标志的产品都经过了层层验证，保证其超低的碳排放和对环境影响极低。蓝天使也代表该商品含有较少的有毒物质，或者生产方式更加节能和环保。

FSC 标志

森林管理委员会标志。表示制造该商品虽然砍了树木，但这些树木所在的整片森林依旧能够得到保护，或者种植了新的树木，并且没有一片原始森林因此遭到砍伐。

警告标志

不应购买有毒或危害环境的商品，它们对于我们的健康也会构成威胁。有毒商品上面往往贴有警告标志。针对这种商品大多能找到环境友好型替代品。

闻一闻：闻起来气味刺鼻的东西，往往就是有毒的。最好不要使用闻起来气味呛人的塑料制品和胶水、胶带以及涂料。只要少买少用这些有毒的产品，大自然中的毒素就会少一点。

给大侦探的温馨提示：你可以在自家的浴室里慢慢检查，看看哪些产品含有微塑料，找出这些污染海洋环境的元凶。你可以看看洗发水、沐浴露、牙膏、防晒霜和洗手液包装上的成分表里，有没有下面这样的几行小字：

聚乙烯（PE, polyethylene），聚丙烯（PP, polypropylene），聚丙烯酸酯（PA, polyacrylate），聚对苯二甲酸乙二醇酯（PET,polyethylene terephthalate），聚氨酯（PUR, polyurethane），聚苯乙烯（PS, polystyrene），乙烯－乙酸乙烯酯共聚物（EVA, ethylene vinyl acetate copolymer），聚甲基丙烯酸甲酯（PMMA, polymethylmethacrylate，又称亚克力 AC），聚酰胺－12（PA–12, nylon–12），聚酰胺－6（PA–6, nylon–6）

日化产品成分表中以"聚"开头的大都属于塑料成分。遗憾的是，目前并没有针对商品中是否含有塑料成分的专门标志。

想让环境变得更好，尽可能少制造新的东西是更根本的办法。如果你每次购物时都仔细想想这个东西是不是真的需要，就会减少购物的数量，需求少了，生产量自然也会变少。你可以：

列购物清单，不做购物狂。比如，不要在肚子饿的时候去购物。肚子饱饱的时候只会购买自己确实要吃的东西。

"保质期至……"的意思是：生产厂家保证在这个日期前食物有良好的口感。但是也许过了这个日期后，食物仍然是新鲜的。在你扔掉它之前，可以先看一看色泽，闻一闻味道，如果闻上去不错，就尝一尝，也许还没有变质。

什么？

拒绝你不需要或者已经有了的礼物。为了防止别人觉得你没礼貌，你可以心平气和地向他们解释清楚，这样做是为了保护环境。

警惕推销，远离广告。推销和广告会不断唤起新的欲望。远离广告很难，因为遍地都是。建议你在自家的信箱上贴张纸条——谢绝广告，这样会少产生很多废纸。

谢绝广告

如果你想要某件东西，不一定要去买，也可以**借**。比如，可以从图书馆里借书看，也可以跟朋友互换，这样就总会有新的东西。

请人**修理**坏掉的东西。找到一个修理专家，你就可以修好很多东西。如果够幸运的话，这个专家可能就在你家里。

要**节俭**。纸的两面都可以书写，这样你就省去了一半的用纸。正面印了字的纸，背面还可以画画。

顺便说一句，垃圾袋也是垃圾。有垃圾桶就够用了。

可是，这么做有点夸张了吧。

怎样知道你需要的是什么？首先，你得弄清楚自己有哪些东西。你可以把橱柜里和架子上的所有东西都拿出来，把那些真正会用到的放回去。

至于其他不需要的东西，为了避免它们成为垃圾，你可以**送**人，但是不要把它们一股脑儿塞给别人。或许你可以把这些东西都放到箱子里，放在家门口。

下次记得把剩下的东西从路边拿走，行不？

闲置物品，请自取！

或者去**跳蚤市场**上摆一个摊。你可以在小摊上提供蛋糕和饮料，还可以小赚一笔。（记得不要用一次性餐具！）

你还可以把清理出来的东西**捐**给社会福利机构，它们会收集东西，送给需要的人。但是谁家也不是垃圾桶，请在捐赠前弄清楚对方需要什么。

甚至还有一些收集点会收集各种奇怪的东西，比如旧书包、眼镜、软木塞和盖了邮戳的邮票。很多人愿意收藏这些东西，而给它们找到新主人的你，也会很高兴。

越来越多的人正在为**不制造任何垃圾**而努力。他们只用可回收包装或没有包装的东西，能借的都尽量借，每件东西都用到不能再用为止。不需要的东西，就送给其他人。他们把易腐垃圾堆肥，彼此交换手工制作环保牙膏、洗发水和洗涤用品的妙方。他们一年产生的所有垃圾，用一个密封罐就能装下。

约翰逊一家四口在 2016 年产生的垃圾：

1 张明信片

1 个气球

1 张糖纸

1 个密封玻璃罐用的胶圈

胶带

我们的孩子将来不应该生活在一个垃圾成堆的世界。

3 块口香糖

水果上贴的标签

用坏的电线

一些价签

1 根圆珠笔芯

药片包装

*71

可降解的牙刷刷毛

1 块创可贴

这样做就有点过头了！

是不是脑子有病？

干吗这样呢？反正一切都能回收！

怎么做到的啊？

没用的。对于整个世界来说，垃圾只是减少了那么一丁点儿。

78

有些人并不想拥有那么多东西。买的**东西少**，产生的垃圾就少。他们认为，东西少，一个小房子就能装下，这样就能节省很多买房子的钱，也就不用工作得那么辛苦了。在小房子里也能生活，这种小房子被称为"**蜗居**"。住在蜗居里，整理和打扫房间根本不是什么麻烦事。

全世界都在为垃圾太多而烦恼。人们为大自然担忧，也希望能做点什么。只要我们**所有人一起行动**，一定能促成一些改变。眼下，改变已经发生。

我们还能做些什么？

在所有物品成为垃圾之前，尽可能地延长它们的**使用寿命**。如果我们不买新东西，而是买**二手**的，也就等于是延长了物品的使用寿命。

老物件更耐用。

不使用一次性商品和便宜的快消品，而是尽量购买**耐用的东西**。尽管它们的价格可能更贵，但最终还是会比买便宜货后很快换新要划算。

便宜没好货！

如果买到的商品没用多久就出了问题，可以先向商家**投诉**。这样一来，商家也许就不会再订购这些产品了，粗制滥造的东西也会少一些。

顾客下次肯定不会再买这个产品了。

一样东西也许失去了它原有的功能，但是我们可以借助创造力，开发出**新的用途**。这样不仅能延长东西的寿命，也比费力地回收原材料或者购买新商品要经济得多。下面就是来自世界各地的好点子：

罐头盒做的**灯笼**

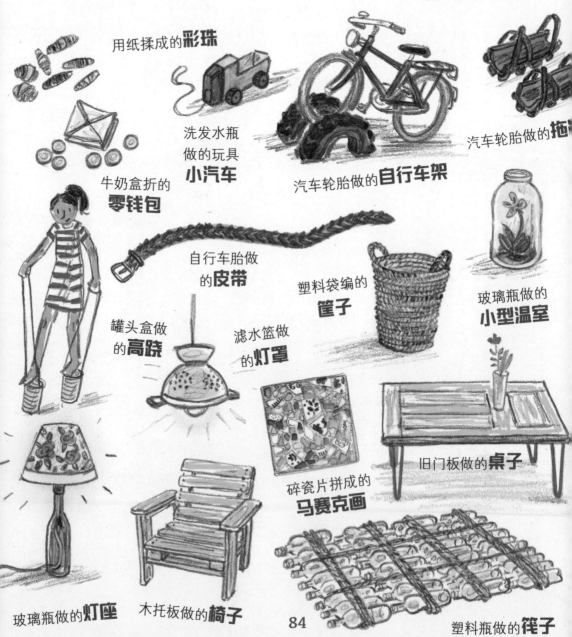

用纸揉成的**彩珠**

洗发水瓶做的玩具**小汽车**

汽车轮胎做的**自行车架**

汽车轮胎做的**拖**

牛奶盒折的**零钱包**

自行车胎做的**皮带**

塑料袋编的**筐子**

玻璃瓶做的**小型温室**

罐头盒做的**高跷**

滤水篮做的**灯罩**

碎瓷片拼成的**马赛克画**

旧门板做的**桌子**

玻璃瓶做的**灯座**

木托板做的**椅子**

塑料瓶做的**筏子**

84

甚至还有用垃圾造的房子，这种房子被称为"**地球之舟**"。它可不是简单的棚子，而是真正的房子，住起来十分舒适。这样一座房子在任何地方都可以在几周之内盖起来，原材料就是旧轮胎、废瓶子和废罐头盒……

彩色的玻璃墙闪闪发光——原来，这面墙是用一个个旧**玻璃瓶**建成的。

*91

用黏土注满汽车**轮胎**，轮胎间的缝隙用废**易拉罐**填充。

垃圾，也不一定就是垃圾。到底什么是垃圾，每个人都可以有自己的定义！

只有当一件东西真的没有任何用处时，我们才能把它扔进垃圾桶，再次回收利用它的原材料。

你能把垃圾带下去吗？

一年只扔一次垃圾！

*1) 1917 年，**马塞尔·杜尚**要把一个小便器送进艺术展现场。虽然遭到了拒绝，但这件事引发了热议。不久之后，这个小便器在一个美术馆里展出，但很快就下落不明，很可能是被扔掉了。另一件被当成垃圾扫地出门的作品是艺术家约瑟夫·博伊斯的《油脂椅》。

*2) 为此诞生一个研究方向——**核符号学**。专家们建议，创造一种仪式，定期举办，并在附近传播相关的传说，同时建造纪念墙、石柱或种植荆棘和灌木。

*3) 在许多城市，人们自发组织去商店带走还没变质但要处理掉的食物，把它们送到收集点。有需要的人会米拿走这些食物。因为需要这些食物的人越来越多，而商店努力减少浪费，所以关于谁该得到这些食物，社会上产生了一些争议。

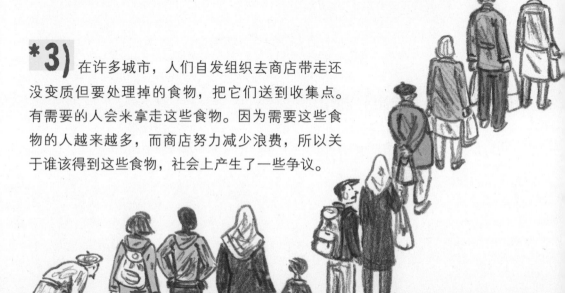

*4) 在德国，**翻垃圾桶**是一种盗窃罪，会被警察逮捕。有时，超市为了吓走这些"垃圾小偷"，会在扔掉的食物里下毒。但在瑞士和奥地利，翻垃圾桶是合法的。

*5) 许多我们丢进**旧衣箱**的衣物会被运到不发达国家继续销售。许多国家已经禁止了旧衣进口，因为来自富裕国家的廉价衣物让本地的服装生意非常难做，根本卖不出去衣服了。

*6) 查尔斯·摩尔船长发现的垃圾岛，现在被称为"**太平洋垃圾带**"。从那以后，摩尔船长一直致力于解决海洋垃圾问题，并希望唤起全世界对此问题的重视。

*7) 2008 年以来，美国的**比亚·约翰逊**一家在生活中几乎不产生任何垃圾。她把自己的经验写成了书，拿到了很多奖，但也饱受争议甚至恐吓。她并没把奖杯带回家，因为在她看来，奖杯没有任何用处，早晚都要扔掉，不过是垃圾而已。

*8) 2008 年，非洲国家**卢旺达**成为全球首个全面禁用塑料袋的国家。在那里，牛因为吃了牧场上遍地都是的塑料袋而大量死亡。从此以后，游客一旦携带塑料袋就会被禁止入境。自卢旺达以后，很多城市、地区和国家也出台了针对塑料袋和一次性塑料用品的禁令。

禁止携带塑料袋！

*9) 垃圾屋的设计者是美国建筑师**迈克尔·雷诺兹**。垃圾屋不需要暖气，厚厚的墙壁可以在冬季保暖，在夏季隔热。德国目前还不允许建筑此类房屋，垃圾都必须送往焚烧厂或填埋场。